解码基因秘密的宠儿——小鼠

刘志玮　朱文静　张洁　编著

苏州大学出版社

图书在版编目(CIP)数据

解码基因秘密的宠儿:小鼠 / 刘志玮,朱文静,张洁编著. —苏州:苏州大学出版社,2021.6
ISBN 978-7-5672-3596-0

Ⅰ.①解… Ⅱ.①刘… ②朱… ③张… Ⅲ.①实验动物 —鼠科 —青少年读物 Ⅳ.①Q959.837-49

中国版本图书馆 CIP 数据核字(2021)第 116144 号

书　　　名:	解码基因秘密的宠儿——小鼠
编　　著:	刘志玮　朱文静　张　洁
责任编辑:	李寿春
助理编辑:	郭　佼
装帧设计:	吴　钰
出版发行:	苏州大学出版社(Soochow University Press)
社　　址:	苏州市十梓街 1 号　邮编:215006
印　　刷:	苏州市越洋印刷有限公司
邮购热线:	0512-67480030
销售热线:	0512-67481020
开　　本:	787 mm × 1 360mm　1/24　印张:3　字数:52 千
版　　次:	2021 年 6 月第 1 版
印　　次:	2021 年 6 月第 1 次印刷
书　　号:	ISBN 978-7-5672-3596-0
定　　价:	25.00 元

若有印装错误,本社负责调换
苏州大学出版社营销部　电话:0512-67481020
苏州大学出版社网址　http://www.sudapress.com
苏州大学出版社邮箱　sdcbs@ suda.edu.cn

目 录

引 言 / 1

第一部分　身边的动物

1. 经济动物 / 3
2. 伴侣动物 / 4
3. 观赏动物 / 5
4. 工作动物 / 6
5. 实验动物 / 7

第二部分　科研小助手——实验小鼠

1. 小鼠初印象 / 8
2. 实验小鼠 ≠ 小白鼠 / 9
3. 走进我们的世界 / 11
4. 实验小鼠的衣食住行 / 20

番外篇　牙齿的秘密 / 28

5. 实验小鼠的权益保障 / 30

6. 为什么科学家钟爱小鼠？ / 31

番外篇　小鼠与人类基因组的相似性 / 33

第三部分　探索基因的秘密

1. 基因 / 36
2. 我的身世 / 38

番外篇　一种基因敲除的方法：CRISPR/Cas9 技术 / 48

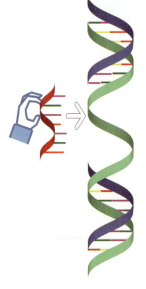

第四部分　探索基因秘密的方法

1. 我们的工作 / 51
2. 小鼠模型的实际应用 / 61

参考文献 / 67

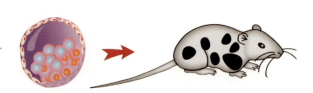

引言

大家好，我叫Timmy。我是一只小鼠。你们可能发现了，和平时见到的小鼠不一样，我披着一身花衣裳，很特别吧。说起这身花衣裳，还有个故事呢！别急，我会慢慢地告诉你。

解码基因秘密的宠儿——小鼠

第一部分

身边的动物

在地球上，除了人类以外，还有很多其他动物，比如翱翔天际的飞鸟、畅游海里的鱼类、驰骋草原的野生动物等。早在远古时代，人类就已经学会了驯化动物，让它们为人类服务，而在现代社会，这些动物的种类更加丰富了。它们以什么样的角色服务于人类呢？我们实验小鼠又属于哪种角色呢？继续往下看，你就会知晓答案啦！

1. 经济动物

经济动物是人类日常接触最多的一类动物，包括猪、牛、羊、马、驴等家畜，它们除了为人类提供肉、奶、皮毛以外，还可以提供劳力，作为农耕、运输和竞技的好帮手；另外还有鸡、鸭、鹅等家禽，给人类提供蛋类和肉类食物，鸭绒和鹅绒还可以被制作成羽绒服帮人类抵御严寒。它们通常由专门的农场进行饲养，由专业的公司进行屠宰加工，最后变成一件件商品来满足人类日常所需。

2. 伴侣动物

伴侣动物，也就是人们常说的宠物，顾名思义，它们最大的功能就是陪伴。生活中的宠物主要有猫、犬、小香猪、豚鼠、龙猫、鱼类、鸟类等，当然很多人也喜欢把蛇、蜥蜴等冷血动物作为宠物。它们的特点是可以起到陪伴和情感寄托的作用，让人的生活充满快乐与惊喜，让情感生活更充实，它们就像真正的家人一样，已经成为众多家庭中不可或缺的一员。

3. 观赏动物

观赏动物是供人欣赏的动物，以其或优美或奇特的外形让人赏心悦目，感受到自然的神奇，它们是动物界当之无愧的选美皇后。观赏动物家族的成员有很多，比如鹦鹉、珍珠鸡、天鹅、羊驼、鸳鸯、孔雀、金鱼、观赏鸽等。需要注意的是，观赏动物虽然以奇特的外形为亮点，但饲养濒临灭绝的动物作为观赏动物是国家明令禁止的。

🎗 4. 工作动物

目前作为工作动物使用最多的是工作犬，比如常用作警犬的德国牧羊犬，作为导盲犬的拉布拉多犬，作为雪橇犬的阿拉斯加犬，当然还有牧民的好助手边境牧羊犬，以及水上救援犬纽芬兰犬，等等。它们或聪明伶俐，或身姿矫健，或嗅觉灵敏，能够配合人类完成各种重要任务，如导盲、陪护、搜救、排爆、缉毒等，无所不能。

5. 实验动物

哈哈，最后该我登场了！我其实属于实验动物，一般人接触不多，但不是吹牛，我可是在人类的医学研究上有着不可替代的作用，为人类攻克各种医学难题做出了非常大的贡献。我和我的伙伴们用生命推动科学进步的齿轮，小小的身躯凝聚了拯救全人类的力量，是科学家的好帮手。当然，除了我们小鼠，还有一些其他的实验动物，也在默默地贡献着自己的能量，如兔子、猴子、猪、犬、鸡、鱼、豚鼠、大鼠等。接下来就跟随我一起进入神秘的实验小鼠的世界吧！

第二部分

科研小助手 —— 实验小鼠

 1. 小鼠初印象

Hello，又见面啦，我是小鼠 Timmy。提到鼠，大家可能会有很多不好的印象，比如传播疾病、啃咬家具、偷吃食物，让人感到非常讨厌。鼠疫的传播让很多人失去了生命，1958 年，国务院发出《关于除四害讲卫生的指示》，把鼠作为四害之一号召人们去消灭它。所以啊，人们平时总是谈"鼠"色变，关于鼠的成语也几乎都是"贼眉鼠眼""鼠目寸光""胆小如鼠"这样的贬义词，人们还常用"过街老鼠人人喊打"这样的谚语来形容坏人。

虽然鼠看似非常可恶，但是大家不能对我们持有偏见，我们的身上也有很多美好的文化传承呢！比如说十二生肖的故事，在中国古代，鼠

被选作十二生肖之一，且排名第一，干支纪年法中的地支对应着十二生肖，而鼠对应的地支是子，因此常称"子鼠"。鼠被赋予了这样美好的属相意义之后，每到鼠年，饰品店里黄金白银打造的可爱的鼠形象饰品备受欢迎，这与它原本令人憎恶的形象似乎一点关系都没有了呢！

如今，随着科学技术的发展，由于具有一些独特的属性，我们被赋予了更重大的责任——作为一种常用的实验动物，为人类研究疾病做贡献。看，我们实验小鼠被科研人员饲养得就像一只只萌萌的宠物！

2. 实验小鼠 ≠ 小白鼠

解码基因秘密的宠儿——小鼠

小朋友们，你们平时总是听人说"不要把我当小白鼠了""我又不是小白鼠"，意思是说不要拿我做实验。但实际上，实验小鼠可不等于小白鼠哦！我也是一只实验小鼠，但我是一只穿着花衣的小鼠，我的兄弟姐妹们是有很多种毛色的呢！常见的毛色有白色、灰色、黑色。

白色

灰色

黑色

除了我这样的小花鼠和刚才讲的几种常见毛色的小鼠之外，也有一些特殊颜色的小鼠，甚至有些小鼠是没有毛的，比如裸鼠，就像图片中这只，是不是样子不大好看？但是它们可是为肿瘤学的发展做出了巨大贡献呢！接着往下看，你会更加了解这些小鼠朋友的作用。

裸鼠

3. 走进我们的世界

下面我就带你们正式地参观一下我们的世界，看看我们的衣食住行。

小鼠成长日志

哇，有新的小鼠宝宝诞生了！这些鼠宝宝一般会在妈妈肚子里待上19~21天，然后就出生啦！一胎大概会有6~8个兄弟姐妹，鼠妈妈可以说是相当高产了。让我们去看看它们是怎样一点点长大的吧！

走进我们的世界

第1~2天

小白鼠看不到眼睛

刚出生不久的小鼠浑身赤红，眼睛和耳朵还没有发育成形呢，小白鼠几乎看不到眼睛，而小黑鼠的眼睛只是两个圆圆的黑点。它们四肢短小，细小的脖子根本支撑不起又大又重的头部，只能以下巴着地的姿势趴着，脚趾还

像跳街舞一样

小黑鼠的眼睛只是两个圆圆的黑点

没有分开，像蹼一样连在一起。小鼠们现在的样子着实不大好看，它们唯一的任务就是努力摄取妈妈的乳汁，让自己快快强壮起来，要知道一只雌鼠一胎平均生仔数大概是6只，如果它们不能顺利地摄取乳汁，就意味着不能存活下来。喝饱了奶的小鼠腹部会出现白色的乳样斑，非常可爱。它们不能自主活动，想要爬行的时候几乎只能原地打转，一不小心就会翻个跟头，看起来像跳街舞一样，十分滑稽。

第3～4天

出生3～4天的小鼠，外貌上与刚出生时变化并不大，只是体型上看起来似乎大了一圈。最大的变化就是它们的耳朵了，小鼠的耳朵此时不再与身体粘连在一起，而是微微张开的。颈部承受力变强，头部可以微微抬起了。这个时候的小白鼠皮肤颜色变浅，而小黑鼠的皮肤颜色则渐渐变黑。逐渐强壮的四肢，让它们可以爬行很短的一段距离，爬行的时候，它们常常头部着地，后肢几乎不动，完全依靠前肢的力量前行。小鼠平时大多和兄弟姐妹们聚成一团，如果有哪个小顽皮脱离了集体，会立刻被妈妈叼回去，毕竟它们行动力有限，还走不了多远。此时的小鼠还没有度过危险期哦，还是有夭折的可能，它们特别依赖妈妈的照料。

下面这只鼠宝宝的左耳已经与身体分离,微微张开。

第5~6天

仔细看,它的脚趾完全分开了,耳朵也长大了不少呢!小白鼠背部若隐若现地出现了白色绒毛,尤其是脖子后面的区域,而小黑鼠背部的皮肤变得更黑了。此时的它们爬行时后肢变得更有力气了,可以自由地抬头,但它们时不时还是要把下巴放到地面上休息一下。因为头部和身体的比例实在太不协调了,对它们来讲,支撑起头部真是个力气活儿。

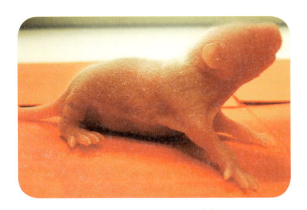

解码基因秘密的宠儿——小鼠

第7~8天

小鼠的眼睛已经成形了，但是还没有睁开，全身几乎都被绒毛覆盖，四肢变得更为强壮，甚至可以攀爬至比身高还高的地方。随着行动力变强，它们的一个目标变得更明确了，那就是让自己保持在群体的中心位置。小鼠的这种行为是基于安全的自我保护行为，处于群体的中心点，更不容易受到外界的威胁。所以你会发现除了睡觉以外，它们始终是蠕动着的，而且头部的方向一定是朝着群体中心点的，这种行为会随着小鼠年龄的增长变得更加明显。

第 9～10 天

除了毛发更加茂密、体型更大之外，似乎找不出它们有什么其他变化，但是生命往往于细微处带来惊喜。瞧，它们下面的牙齿已经露头了！牙齿是动物们最有力的武器，但是小鼠们现在的牙齿毫无威胁，就像牙齿刚露头的小朋友们一样，它们还得靠妈妈的乳汁生存。具备自主爬行的能力后，小鼠们对喝奶这件事变得异常主动，会追在妈妈的屁股后面讨奶喝。虽然它们的眼睛还没睁开，嗅觉却相当灵敏，可以精准定位目标，找到妈妈。

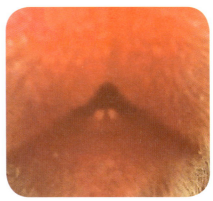

第 11～12 天

小鼠们在形态上已经和成年鼠没有什么区别了，上牙也长出来了，下牙变得更长，但是它们的眼睛还没有睁开。长长的胡须随着身体的颤动有节律地抖动，它们的心跳可以达到 328~780 次/分，而人类每分钟的心跳只有 60~100 次哦！可以说小鼠们的心跳相当快了。

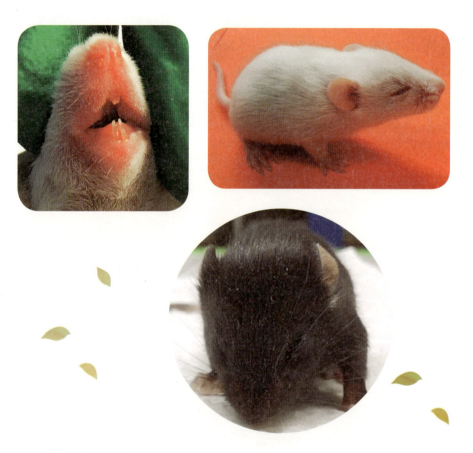

第 13~14 天

哇，眼睛睁开了！这是它们第一次观察这个世界，虽然目前它们的眼睛只睁开了一条缝隙，但是在基因的作用下，最终它们会拥有一双圆圆的眼睛，毕竟它们的爸爸妈妈就是这样圆圆的眼睛。小白鼠和小黑鼠在眼睛上可是大不相同呢！小白鼠有红色的眼睛，像兔子一样，而小黑鼠的眼睛是黑色的。这时候的小鼠，牙齿便具有威胁性了，工作人员们要当心，不要被它们咬到。它们会在鼠笼中找一些坚硬的东西磨磨牙，比如爸爸妈妈吃剩的饲料渣、玉米芯垫料。当然小鼠们只是偶尔磨磨牙，在它们眼中只有妈妈的乳汁才算得上真正的食物。

眼睛睁开

牙齿更坚固

解码基因秘密的宠儿——小鼠

第 17 天左右

现在的小白鼠已经很漂亮了，和小时候相比简直是丑小鸭到白天鹅的蜕变。随着小鼠牙齿的增长，需要关注一件事，就是下牙过长带来的风险。如果下牙长得太长，嘴巴张不开，小鼠就难以摄取食物，将面临致命风险。如果发现下牙过长的小鼠，科研人员会帮助它，用手术剪将下牙剪短至合适的长度。随着牙齿的日渐锋利，小鼠们可以摄取一些固体食物了，香喷喷的鼠粮对它们也具有一定的诱惑力了，再过 3~4 天就可以完全断奶了。此时的小鼠对世界充满好奇，前肢抬起、后肢站立是它们探索周围环境的标志性姿势。

第 20 天左右

这个时候的小鼠弹跳力特别好，可以一跃跳出笼盒，十分淘气。它们在笼盒里欢快地自由跑动，已经准备好断奶分笼了。分笼后它们会有一个属于自己的空间，到达一定年龄后就可以完成科研人员赋予它们的各项任务了。

第二部分　科研小助手——实验小鼠

解码基因秘密的宠儿——小鼠

4. 实验小鼠的衣食住行

IVC 笼架

下面到我的家里来参观一下吧!

住：这就是我的家，是不是和人类住的楼房很像啊？都是一个个的单间，一层层的。这个叫作独立通气笼（IVC），我们从出生起就一直住在里面。

虽然我的房间不大，但也足够我活动了，在房间里跑个步、爬个栏杆都没有问题，无聊时还能看看隔壁邻居。

我的家：笼盒

而且非常重要的是，我的房间是连接着空调系统的，因此常年保持着恒温恒湿（温度 20℃～26℃，相对湿度 40%～70%），别提有多舒服了；另外，空调系统送进来的风都是经过层层过滤的，没有灰尘，没有细菌，可干净了。还有全副武装、只露出两只眼睛的饲养员负责照顾我们，房间脏了就会给我们换个新房间，保证我们居住的环境干净整洁。他们穿着全套的隔离服，裹得严严实实的，还得干活，也是挺辛苦的。经常听我的饲养员说，和他们相比，我们简直就像住在五星级宾馆里，环境好，还有人伺候着。

为什么他们要裹这么严实来照顾我们呢？是因为我们干净啊！我们是无特定病原体小鼠（SPF），一些可能会致病的细菌、病毒、寄生虫在我们身上都不存在。饲养员穿这么严实其实是为了保护我们，避免我们被他们可能携带的细菌、病毒等感染。不仅仅是饲养员要严格防护，提供给我们的食物、饮水、垫料、实验器具等也都是无菌的，只有这样才能保护我们。

为什么让我们保持这么干净的状态呢？要知道我们可是用来做实验采集数据的，如果我们感染细菌、病毒、寄生虫，就可能会生病，那获得的实验数据就不是准确的了，可能会影响科学家对结果的判断，耽误研究的进展。

解码基因秘密的宠儿——小鼠

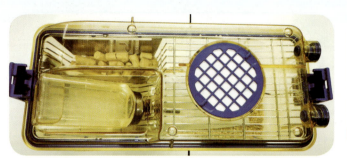 

配备有食盒和水瓶的笼盒

除了对我们能够接触到的物品严格消毒外,我们还能享受定期体检呢!兽医每过几天就会过来关心一下我们,看看我们是不是健康,还不时地会收集下我们的粪便,再让我们咬咬棉签。那是在收集样品去做检测,来确保我们是健康的。

在动物房中,我们有自己的领地,这样的笼盒就是我们各自的家,笼盒侧面配备有用来填写我们信息的笼牌,上面的盖子有个白色的过滤膜,过滤膜是透气的,并且可以阻挡微生物入侵;笼盒上方设置了饲料盒和放水瓶的位置,可以给我们供应饮食;通常每笼容纳不超过5只小鼠,我们是群居性动物,所以最好也不要单只小鼠放一个笼盒。这个家最特殊的地方是笼盒的盖子上面有两个气孔,它们与笼架相连,靠一个单独的空调系统送风,所以我们家里的空气与动物房里面的空气也是隔离开的,这样可以大大减少一些依靠空气传播的微生物感染我们的机会,饲养员们每2周会给我们换个新的笼盒,保障卫生条件。

小朋友们，现在假装自己是一只小鼠，我们到笼盒里面以小鼠的角度观察一下这个笼盒吧！ 看到饲料和水瓶的出水口了吗？小鼠可以用锋利的牙齿，透过网格啃食饲料。瓶嘴部有一个小金属球，小鼠舔动金属球就会有少量水流出，所以你会发现小鼠在喝水时，很多时候会一边用爪子扶着瓶嘴杆，一边快速地舔瓶嘴，样子十分可爱。

小鼠视角的笼盒内部

垫料：我的家里还有一个不太常见的东西，它叫作垫料。我们所使用的垫料是经过辐照灭菌的玉米芯或者刨花垫料。

垫料的作用是吸收尿液和粪便，让鼠笼保持干爽舒适。一般玉米芯垫料2周换一次笼，刨花垫料1周就要更换一次，当然换笼频率和笼架主机送风系统的好坏也是密切相关的。换笼的时候，饲养员会使用这样

解码基因秘密的宠儿——小鼠

换笼台

的换笼台，它带有风机和照明系统。笼盒的盖子平时在房间内是不能随意打开的，换笼时在换笼台上面打开盖子，这样笼盒里面的空气会被吸进换笼台的过滤系统，过滤后的无菌风再排到房间内。要知道很多细菌、病毒都是依靠气溶胶传播的，这样的换笼方式可以避免造成交叉感染。

玉米芯垫料

刨花垫料

衣：柔顺而具有光泽的皮毛就是我们引以为傲的外套啦！空闲的时候，我和我的小伙伴们最喜欢的事就是整理自己的毛发了。如果你的周围有小动物，应该不难发现，它们很多都有理毛这一行为，动作大多是轻咬和舔，有时候也会用前爪梳理，后爪搔挠。动物之间还会相互理毛，比如猴子，它们互相理毛以便除掉虱子和搜寻盐粒来吃。我们小鼠之间也会相互理毛，这一举动看起来很亲呢，有时候却会给我们带来烦恼，因为有的小伙伴会出现过度理毛的行为，尤其是在帮助其他小鼠的时候，这一行为甚至会导致我们身体某个部位的毛发被舔光，变成丑陋的小秃鼠，更严重的甚至会伤及我们娇嫩的皮肤。毛发对于我们来说特别重要，我们要保护好它。

食：每次饲养员给我们更换笼盒的时候，都会在饲料槽中补充足够的食物。我们吃的食物大多是硬硬的圆柱状的饲料，它们营养丰富，能提供我们日常所需的蛋白质、脂肪、氨基酸、维生素等，而且啃着又带劲，能够帮助我们磨牙，避免牙齿长得太长而影响进食。可能我们食物唯一的缺点就是品种太单一了，每天都吃一样的，难免会有些腻。有时候实验人员也会给我们换换口味，比如这种蓝色的饲料，油脂丰富，味道特别香。但是，天啊！吃这种饲料的兄弟姐妹怎么都变胖了！算了，为了健康，我还是老老实实地啃我的普通饲料吧。

第二部分 科研小助手——实验小鼠

解码基因秘密的宠儿——小鼠

普通饲料

高脂饲料

饮水：我们的饮用水是加了盐酸并经过高压灭菌的酸化水，所有要进入的物品也全部是需要经过高压灭菌的。虽然这个酸化水可能没那么好喝，但是却保障了我们的健康。盐酸可以抑制水中微生物的生长，再加上高压灭菌，使水中的微生物无处遁形，全部被消灭，使饮用水达到了无菌的要求。我们的饲料和饮水会被定期送去检验，进行无菌测试，这些措施都在为我们的健康保驾护航。

行：为了贡献于科学研究，我们中的某些小鼠会离开原本的设施，被转运到其他设施中。但是我们知道外界环境中有很多病原微生物，一旦我们暴露于外界环境，就将失去SPF级别动物的资格，不能再进入其他SPF级别设施中。想解决无菌运输的问题就要靠它了——运输盒，我们就是利用这种运输盒出行的。有时候路途遥远，需要乘坐飞机抵达，工作人员会在运输盒里面放入我们爱吃的果冻，给我们提供路上所需的水分，再放入一些饲料，作为我们的飞机餐。到达目的地以后，我们会被放入新家中，适应一下环境，接下来就可以开始完成实验人员赋予我们的新任务了。虽然我们要在盒子里面住上2～3天，但是不用担心，盒子的四周是有透气孔的，而且这些透气孔可以过滤掉外界空气中的微生物，只允许洁净的空气进入。

旅行专用箱

箱内配备有饲料和果冻

解码基因秘密的宠儿——小鼠

番外篇

牙齿的秘密

如果你仔细观察啮齿类动物，比如像我这样的实验小鼠或仓鼠、龙猫、松鼠等，会发现我们好像除了睡觉、理毛以外的时间，一直在啃咬东西，这么做可不是因为我们馋哦！不停地啃咬、磨牙可是我们的生存之道。不磨牙带来的后果是十分严重的，因为我们的门齿没有牙根，它是不停生长的，牙齿过长会导致我们流口水、无法进食、呼吸困难、精神状态异常、体重减轻，疯狂生长的牙齿甚至会穿透我们的腮部，或会顶穿上颚，刺入我们的鼻部或者大脑，甚至导致死亡。

这类情况的发生主要跟不磨牙有关，但是还有一种情况，当我们因为受到撞击等外力冲击导致牙齿断裂，牙齿出现较大间隙时，正常的牙齿会加快生长，最终受到挤压变得弯曲或前突而影响进食。

牙齿过长导致的畸形

那么当我们的牙齿已经出现过长、弯曲等畸形时，该怎么办呢？别担心，这个时候科研人员会用剪刀将我们的牙齿剪到正常的长度，来使我们恢复进食。当你们看到我们啮齿类动物在忙忙碌碌地啃咬东西时，千万不要打扰我们，这时候的我们可是在进行一项性命攸关的大工程呢！为了满足我们磨牙的需求，避免牙齿过长带来的一系列困扰，科研人员在饲养实验小鼠时，会提供一些可供磨牙的无菌材料，还有特制的坚硬的鼠粮，在进食的同时可以起到磨牙的作用。小朋友们家里如果有啮齿类宠物，也要准备啮齿动物专用的磨牙石并经常注意它们的牙齿哦！对于我们实验小鼠，科研人员还要特别注意实验中要手法轻柔，避免我们的牙齿和身体受到损伤。为了约束科研人员，使其严格执行这些规定、保障实验动物权益，人类提出了一些与动物福利相关的政策，下面我们就来了解下什么是动物福利吧！

5. 实验小鼠的权益保障

我们生活的环境非常好，但却从事着高危"职业"，经常有小伙伴被科学家带走，然后就回不来了。但仔细想想，我们不是生下来就准备好要牺牲的嘛？毕竟我们也是为人类的健康事业做出重大贡献的。正因如此，除了平时对我们的关心外，我们的管理员们还专门成立了IACUC（IACUC，Institutional Animal Care and Use Committee，即研究机构动物管理与使用委员会）来监管我们的福利保障，对此我们深表谢意。IACUC由主席、兽医、研究人员、非科学研究者、工作代表组成。他们主要负责动物和设施的日常管理，比如饲养密度、饲料饮水、垫料、人员管理和整个设施的运行情况，另外更重要的职责是审核人类对我们进行的实验是否是合理的，是否给我们造成了非必要的疼痛、伤害，以尽量减少我们兄弟姐妹的白白牺牲，让我们拥有一个更有价值的鼠生。

在动物福利方面，国际上统一认定4R原则，即减少(Reduction)、替代(Replacement)、优化(Refinement)和责任(Responsibility)，它的意思是尽量合理设计、优化实验，避免浪费实验动物，并且要尽量找寻替代方法，减少实验动物的使用，当使用实验动物进行实验时，要富有责任心。责任心主要是指日常实验中，除了设计、优化实验，还要关注实验小鼠的日常生活所需，保障饲料、饮水充足，保持合理的饲养密度，每笼不要饲养超过5只小鼠，由于小鼠具有群居特性，尽量不要单只饲养，也不要让小鼠感到不安、恐惧、痛苦。

动物福利的概念最早是针对农场动物提出的，比如饲养密度过大、饲养环境卫生太差、动物心情焦虑、患病等，都是禁止发生的，保障农场动物福利的同时，这些农场动物产出质量更高的肉、蛋、奶，才能保障人类健康。有些农场甚至为了让动物能够在愉悦的环境中成长，会给它们播放音乐。同样，保障了实验动物的福利，让它们不忍受饥渴、惊吓甚至糟糕的心情，才能保证实验数据的真实性和可重复性，这样获得的实验结果才是具备参考价值的。

6. 为什么科学家钟爱小鼠？

小朋友们，也许你们会问，世界上那么多小动物，为什么科学家们偏偏选择了我们小鼠作为实验助手呢？这是因为我们身上有很多优势：

（1）合适的研究成本

由于我们小鼠体型小，一个小小的笼盒就足够我们在里面玩耍和生存了，饲养和管理起来非常方便，实验成本就大大降低了。

（2）生育周期短

你们知道吗？从怀孕到小鼠出生，只需要21天左右，而人类孕育胎儿需要280天左右。跟其他动物如猫、狗相比，我们的繁育周期非常短，人们能很方便地观察我们的遗传学特征。

名　称	妊娠期
小　鼠	21 天
猫	65 天
狗	63 天
猪	110～120 天
牛	275～285 天
人	280 天

(3) 遗传背景清晰

目前，在各种各样的动物中，人类已经完成了我们小鼠的基因组计划，对小鼠遗传信息的了解比其他动物更加清晰。

(4) 基因接近人类

别看我们小鼠和人类长得不一样，体型差距也很大，但是小鼠基因与人类基因的相似性却达到了 90%，是不是很神奇呢？正因为有如此高的相似性，所以借助小鼠来进行人类基因疾病的相关研究有着重要的意义。

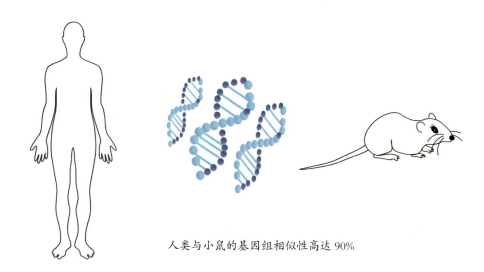

人类与小鼠的基因组相似性高达 90%

有了这么多理由，你是不是也觉得我们小鼠被选作解码基因秘密的宠儿是当之无愧的呢？

番外篇

小鼠与人类基因组的相似性

研究小鼠的科研人员在做报告时常会提及小鼠与人类的基因组同源性很高，这就是小鼠基因研究对人类的意义。那么什么是"同源性很高"呢？简单地说就是基因非常相似。人类基因组计划和小鼠基因组计划分别于 2001 年和 2004 年完成，人们惊奇地发现，两者的基因组相似性非常高，主要体现在以下几个方面：

（1）基因数量

小鼠与人类的基因数量相似，都是大约 3 万个基因。

（2）基因名称

大多数小鼠的基因名称与人类的基因名称是一样的，区别在于小鼠的基因名称在书写时首字母大写，而人类的基因名称全部字母大写，如小鼠基因 Dmd，人类也有对应的基因 DMD。下图展示的就是在 NCBI（生物信息数据库）中搜索 Dmd 基因的结果。

Name/Gene ID	Description	Location	Aliases	MIM
☐ Dmd ID: 13405	dystrophin, muscular dystrophy [Mus musculus (house mouse)]	Chromosome X, NC_000086.8 (81858244..84248656)	DXSmh7, DXSmh9, Dp42, Dp427, Dp7, Dp71, dy, dys, mdx, pk, pke	
☐ DMD ID: 1756	dystrophin [Homo sapiens (human)]	Chromosome X, NC_000023.11 (31119219..33339460, complement)	BMD, CMD3B, DXS142, DXS164, DXS206, DXS230, DXS239, DXS268, DXS269, DXS270, DXS272, MRX85	300377

小鼠 Dmd 基因信息与人类 DMD 基因信息

解码基因秘密的宠儿——小鼠

人们为什么对它们进行如此一致的命名？我们来看看这两个基因比较的结果：

① 小鼠 Dmd 的编码碱基是 11 058 个，而人类 DMD 是 11 037 个，因此编码的氨基酸分别是 3 678 个和 3 685 个（每三个碱基编码一个氨基酸），是非常接近的。编码外显子数目都为 79 个（外显子是指编码氨基酸的间隔碱基序列）。

② 两个基因所编码的氨基酸比较结果如下：

从比较结果可以看到这两个基因的氨基酸有 91% 的相似性。

Score	Expect	Method	Identities	Positives	Gaps
6905 bits(17916)	0.0	Compositional matrix adjust.	3357/3687(91%)	3516/3687(95%)	11/3687(0%)

我们知道碱基编码氨基酸，氨基酸编码蛋白质，而蛋白质就是基因表达的结果。

以下截取了这两个基因编码的部分氨基酸区段的比较结果（每个字母代表一个氨基酸，箭头表示有差异的位点）

```
                                          氨基酸
MDM  2639  VANDLALKLLRDYSADDTRKVHMITENINASWRSIHKRVSEREAALEETHRLLQQFPLDL  2698
           VANDLALKLLRDYSADDTRKVHMITENIN SW +IHKRVSE+EAALEETHRLLQQFPLDL
Mmd  2632  VANDLALKLLRDYSADDTRKVHMITENINTSWGNIHKRVSEQEAALEETHRLLQQFPLDL  2691

MDM  2699  EKFLAWLTEAETTANVLQDATRKERLLEDSKGVKELMKQWQDLQGEIEAHTDVYHNLDEN  2758
           EKFL +W+TEAETTANVLQDA+RKE+LLEDS+GV+ELMK WQDLQGEIE HTD+YHNLDEN
Mmd  2692  EKFLSWITEAETTANVLQDASRKELLEDSRGVRELMKPWQDLQGEIETHTDIYHNLDEN  2751

MDM  2759  SQKILRSLEGSDDAVLLQRRLDNMNFKWSELRKKSLNIRSHLEASSDQWKRLHLSLQELL  2818
           QKILRSLEGSD+A LLQRRLDNMNFKWSEL+KKSLNIRSHLEASSDQWKRLHLSLQELL
Mmd  2752  GQKILRSLEGSDEAPLLQRRLDNMNFKWSELQKKSLNIRSHLEASSDQWKRLHLSLQELL  2811

MDM  2819  VWLQLKDDELSRQAPIGGDFPAVQKQNDVHRAFKRELKTKEPVIMSTLETVRIFLTEQPL  2878
           VWLQLKDDELSRQAPIGGDFPAVQKQND+HRAFKRELKTKEPVIMSTLETVRIFLTEQPL
Mmd  2812  VWLQLKDDELSRQAPIGGDFPAVQKQNDIHRAFKRELKTKEPVIMSTLETVRIFLTEQPL  2871

MDM  2879  EGLEKLYQEPRELPPEERAQNVTRLLRKQAEEVNTEWEKLNLHSADWQRKIDETLERLRE  2938
           EGLEKLYQEPRELPPEERAQNVTRLLRKQAEEVN EW+KLNL SADWQRKIDE LERL+E
Mmd  2872  EGLEKLYQEPRELPPEERAQNVTRLLRKQAEEVNAEWDKLNLRSADWQRKIDEALERLQE  2931

MDM  2939  LQEATDELDLKLRQAEVIKGSWQPVGDLLIDSLQDHLEKVKALRGEIAPLKENVSHVNDL  2998
           LQEA DELDLKLRQAEVIKGSWQPVGDLLIDSLQDHLEKVKALRGEIAPLKENV+ VNDL
Mmd  2932  LQEAADELDLKLRQAEVIKGSWQPVGDLLIDSLQDHLEKVKALRGEIAPLKENVNRVNDL  2991
```

Dmd 与 DMD 所编码的氨基酸（部分区段）比对结果

（3）基因功能相似性

小鼠与人类的基因功能相似性体现在二者在基因疾病研究中表现出的明显的基因疾病的共性。比如，杜氏肌营养不良是一种常见的基因突变疾病，是遗传性的肌肉萎缩病，表现为心肌和骨骼肌机能衰退和运动功能丧失。该疾病是 DMD 基因突变导致的疾病，DMD 基因第 44 外显子缺失可导致该基因表达障碍而致病。

通过比较发现，小鼠的 Dmd 基因与人类的 DMD 基因非常相似，都有 79 个外显子，且结构相似。因此，科学家们使小鼠的 Dmd 基因相同位点出现同样的突变，小鼠也会发生类似的临床疾病表现。这项发现对人类研究基因治疗具有重大意义。

解码基因秘密的宠儿——小鼠

第三部分

探索基因的秘密

🎗 1. 基因

小朋友们，我介绍了那么多，你们应该也对我有了初步的了解。我想你们一定会有个疑问，科学家们为什么要花那么多的精力养我们呢？答案就是，他们想通过我们来进行基因的研究。

那么什么是基因呢？简单来说，基因是具有遗传效应的核酸片段。大家对于核酸这个词应该都不陌生吧！新冠肺炎疫情期间，人们听到最多的词就是核酸检测，所谓核酸检测阳性就是在人体内检测到了新型冠状病毒的核酸，由此即可确定被检测者已被病毒感染。这里所说的新型冠状病毒的核酸检测，实际上就是检测病毒的遗传物质的意思。

生物界的人、动物、植物、细菌和病毒等都是有遗传物质的，这些遗传物质的本质就是核酸。核酸又分为脱氧核糖核酸（DNA）

和核糖核酸（RNA），新型冠状病毒的遗传物质是RNA，而通常我们提到的人、小鼠等哺乳动物的遗传物质是DNA，基因就存在于这些DNA当中。

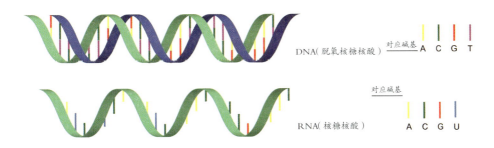

大家可以看到，人、小鼠等哺乳动物的遗传物质DNA是以双螺旋的结构存在的，基因的奥秘就藏在这些双螺旋结构当中。人类基因组计划、小鼠基因组计划早已完成，我们已经知道了DNA的序列，转录组的测序也大概确认了基因的完整序列，但是对于基因具体的功能，我们目前知道的还不够多，需要不断地对基因功能进行研究，才能揭示生命的奥秘。

根据人类现在所知，生物的各种性状都是由基因来决定的，比如，有的基因决定着身高，有的基因决定着发色，等等。但在人类中，这个基因-性状关系是很复杂的，有的性状是由多个基因决定的。小朋友可以想一下，你是不是有的地方会像妈妈，有的地方会像爸爸？

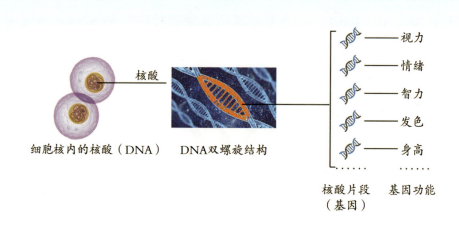

细胞核内的核酸（DNA）　　DNA双螺旋结构　　核酸片段　　基因功能
　　　　　　　　　　　　　　　　　　　　　　　　（基因）

　　正因为对基因功能的研究是很复杂的，科学家们需要借助一些工具来进行研究，所以我们就被任命啦！能承担如此重任，我觉得非常的自豪。

2. 我的身世

　　小朋友们，听我讲了这么多，你们一定对我非常感兴趣了吧！前面讲到，和大部分兄弟姐妹们不同的是，我是一只小花鼠，这样颜色的小鼠在自然界是不存在的。那我是从哪里来的呢？大家一起来看一看吧！

嗨,大家好!我是Timmy。你们肯定会问,你不是一只小花鼠吗?怎么变成一个个小圆球了?没错,这就是我哦!哈哈哈,在变成小花鼠之前,我就是小小的圆圆的胚胎干细胞哦!

我被装到这样的冻存管里。

冻存管放在液氮罐里　-196℃　超低温

里面加入冻存保护液,保护我不被冻伤。

液氮罐里非常寒冷,但是科学家们在我住的这个冻存管里加入了冻存保护液,能够保护我不会被冻伤,我会在里面安稳地沉睡。什么?你们问我是怎么变成小花鼠的?别急别急,让我跟你们慢慢说。

第三部分　探索基因的秘密

最初的我，就是这样一个小小的胚胎干细胞。胚胎干细胞简称 ES 细胞，是早期胚胎或原始性腺中分离出来的一类细胞。它具有体外培养、自我更新和多向分化的特性。简单地说，就是它可以分化为几乎所有的细胞类型，包括生殖细胞。

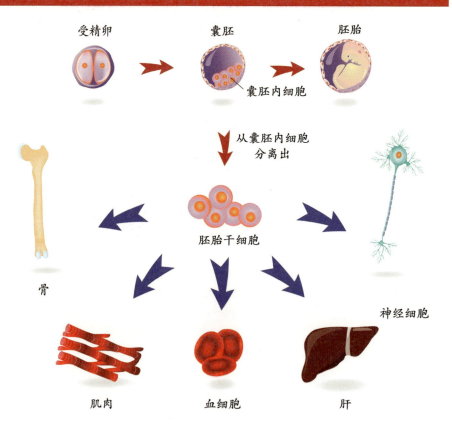

那我是怎样从一个小小的胚胎干细胞成长为一只小鼠的呢？

（1）复苏

几个月前的一天，一位穿着白大衣的科研工作者将我从液氮罐里取出来，放到了37℃温暖的环境里，我一下子就苏醒了。

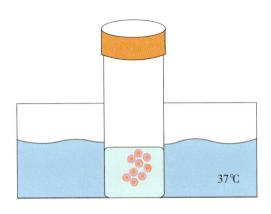

（2）培养

苏醒后，我被转移到一个倒有粉红色营养液的培养皿里，在37℃温暖的环境里慢慢地生长，逐渐变得强壮，并且复制出很多很多跟我一样的分身。

显微镜下的细胞

（3）注射

直到有一天，我和我的分身铺满了整个培养皿，科研工作者就把我们装进了一根细细的针里，排列整齐，然后注射到一个小鼠囊胚里，从此，我们就成为了这个囊胚的一部分，和囊胚一起成长。

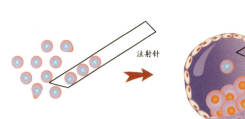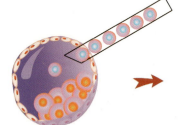

挑选形态较好的ES细胞吸入注射针内排列整齐　　将ES细胞注入囊胚　　注射完成

显微镜下的注射过程

分散成单个细胞　细胞吸进注射针里排列整齐　固定住囊胚　将细胞注射进囊胚

扫描二维码可观看显微注射过程的完整视频哦！

（4）移植

科研工作者将这个注入了胚胎干细胞的囊胚放到妈妈的肚子（子宫）里。其实也并不是我真正的妈妈，我们之间没有血缘关系。妈妈的肚子里很温暖，为我提供营养，我慢慢地就发育成了一只小鼠。

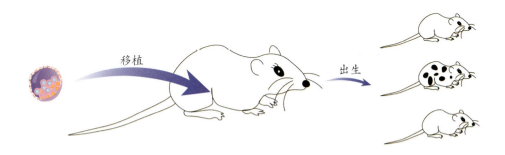

（5）出生

等在妈妈的肚子里完全发育成型以后，我就来到了这个世界上。

出生后七八天，我的毛发就都长出来了。你们看，我披上了漂亮的花衣服！

我在这里

解码基因秘密的宠儿——小鼠

小朋友们来猜一猜,我的花衣服是怎么来的呢?

没错,正是我的基因决定的。我还是一个胚胎干细胞的时候,我体内负责毛色的基因告诉我我以后会长出黑色的毛发,而我进入到的那颗囊胚是来自白色小鼠的,后来我们一起成长,发育成了一只小鼠,我就成为了既有黑色毛发又有白色毛发的小花鼠了。如果我的黑色毛发较多,就说明我会更强壮,负责黑色毛色的基因在发育中占据了主导地位,那么我的子女遗传到我的基因的概率就更高哦!

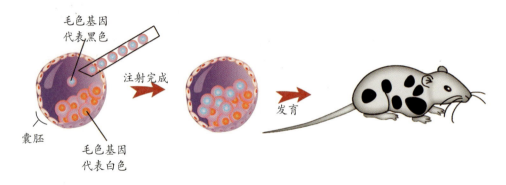

听完了我的故事,你们是否明白了我的"花衣裳"是怎么来的了呢?基因的世界是不是很神奇呢?

我的身世

如果胚胎干细胞的毛色基因代表灰色,而囊胚的毛色基因代表黑色,我会是什么颜色呢?

小朋友们是不是很好奇，我的基因是怎么被改造的？下面我就和你们再说说我的前世——我是如何成为一个基因突变的胚胎干细胞的。

我的基因是如何被改造的呢？科学家们又是如何设计对小鼠基因的改造计划呢？其实这就是科学家们研究基因功能时所需要考虑的问题。虽然我们已经认识了基因的序列信息，但是对它们的功能却知道得很少。为了研究不同基因的功能，科学家们将某些特定基因进行了删除或者导入，然后通过观察小鼠的变化来研究这个基因的功能。

因此，如果想要研究某个基因的功能，要么使它失去这个基因的功能，要么使它获得这个基因的功能。从这两个角度来说，对基因功能的研究就可以分为：

（1）基因敲除

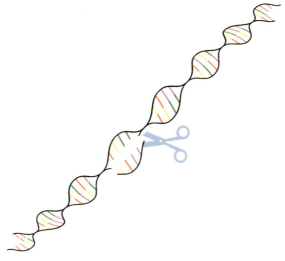

基因敲除就像是用剪刀将基因片段剪掉，使其失去功能。

大家可能会想，如果我有这个基因的功能，为什么要敲除呢？试想一下，如果一个人得了癌症，而有一个基因会使癌症的病情变得异常严重，如果将这个基因敲除，是不是就可以达到治疗的目的呢？因此科学家们想通过这样的技术手段来达到治疗某些疾病的目的。

科学家们发现，由于小鼠与人类的基因组相似度非常高，小鼠的很多基因与人的基因有着近乎相同的功能，如果将这个基因敲除，会发生该基因相关的人类疾病所类似的表型。因此，有关小鼠基因的研究对于科研人员探究人类基因相关疾病有着非常重要的意义。

（2）转基因

其实除了我之外，我还有一些伙伴，他们也是基因突变的小鼠，但追根溯源的

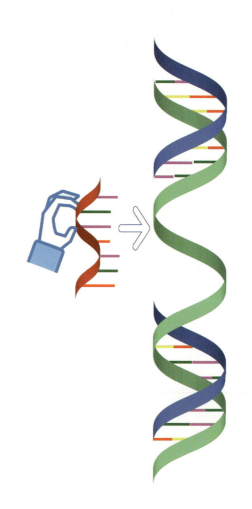

话，他们与我差别还不小，他们并不是从胚胎干细胞发育来的，而是转基因小鼠。

将特定的基因插入到生物体的 DNA 中，可使其获得该基因相关的功能。转基因就是将有特定功能的基因转入生物体内，使其获得特定的功能。说到转基因，大家应该不陌生。比如将抗虫害的基因转入大豆中，这样的大豆生长出来就能避免发生虫害。平时我们去超市买食用油（比如大豆油），会发现有的食用油就是转基因大豆生产的，有的是非转基因大豆生产的。由于现在转基因食品备受争议，因此国家规定食品上必须要注明是否为转基因原料生产。

其实转基因就是给生物赋予某个基因的功能，或者让这个基因在生物体内发挥更大的作用。对于小鼠也是如此，比如将抗癌的基因转入小鼠的体内，观察癌细胞在该小鼠体内是否被抑制，从而研究这个基因在体内发挥作用的情况。

然而，基因并不是有功能或者无功能这么简单，还有可能出现功能异常，基因的突变就是其中一种，比如 BRCAL（基因名）这个基因的突变就会导致患乳腺癌的概率增加，这也是著名影星安吉丽娜·朱莉自愿切除乳腺的原因。而实际中，基因功能异常导致的疾病也是非常多的，如杜氏肌营养不良、帕金森病、血友病、镰刀型细胞贫血症以及遗传性白内障等，科学家们设想通过对基因的修复而达到治疗这类疾病的目的。

你有想拥有的基因功能吗？

一种基因敲除的方法：CRISPR/Cas9 技术

Cas9 是一种核酸酶，可以对 DNA 进行切割，技术就是利用了 Cas9 蛋白的这个特性，通过 Cas9 蛋白和 sgRNA 对特定的 DNA 序列进行切割，从而达到敲除基因的目的。

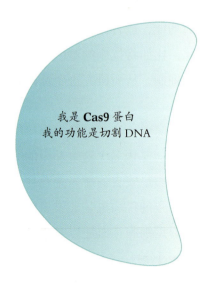

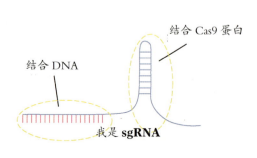

Cas9 与 sgRNA

Cas9：可以对 DNA 进行切割

sgRNA：具有 DNA 识别区和 Cas9 识别区

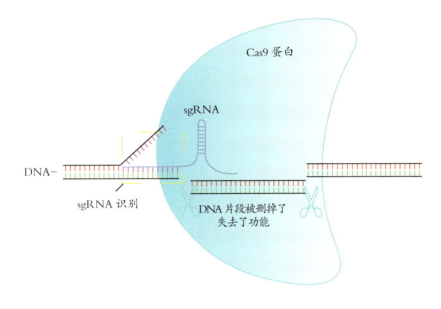

sgRNA 和 Cas9 对 DNA 的编辑

sgRNA 结合在 **Cas9** 上，**sgRNA** 又可以识别目标 DNA，从而引导 Cas9 到目标 DNA 上对其进行编辑，达到敲除基因的目的。

然而细胞都是非常小的，一般只有 10～20 微米，肉眼看不到，因此想要对基因进行操作就必须进行显微注射。显微注射是用极细的注射针在显微镜下对细胞或者胚胎进行注射的一种技术。

解码基因秘密的宠儿——小鼠

现在非常流行的培育基因敲除小鼠的方法就是将 **sgRNA** 和 **Cas9** 蛋白或 mRNA 同时注射到受精卵内，对受精卵的基因进行敲除，这样的受精卵发育而成的小鼠就是基因敲除的小鼠。

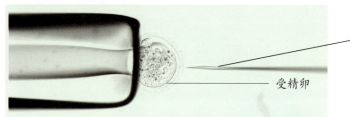

扫描下方二维码观看显微镜下原核注射视频

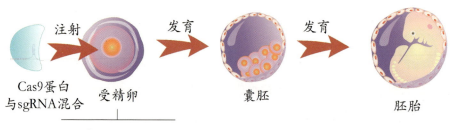

受精卵基因发生敲除

第四部分

探索基因秘密的方法

1. 我们的工作

当然，除了长得漂亮外，我也是有正职工作的，那就是作为科学家的工具进行基因功能的研究。那么这份工作是怎么进行的呢？大家可能猜到了，科学家通过一些工具改变了我的基因，使我成为一只基因突变的小鼠，我的基因被改造之后，我的后代就能遗传到我被改造过的基因，变成真正的基因突变的小鼠。而这些基因突变后，我可能就会产生各种各样的生理变化。从某种角度来说，我生下来就携带了致病的基因，科学家们通过观察检测位点，就能够知道这个突变的基因在体内到底是起到什么样的作用，正是这样才推进了生命科学的发展，才会在将来可能有方法治愈这些疾病。

其实，我很想告诉科学家，我生了什么病，我哪里不舒服，可惜他们不懂我的语言，实在是没法交流。好在他们很聪明，会给我做全面的检查，就像人类做体检一样，做完检查就知道我们大概是哪里不舒服了。

那我们有哪些常规的体检项目呢？

（1）生长曲线

定期给我们称体重，观察我们的体重变化，我们中有的生长缓慢，体重就会增加得比较慢，而有的可能会比同年龄段的其他小鼠重很多，这些就是生长曲线可以观察到的变化。

称体重，并记录生长曲线

（2）外观形态观察

观察转基因小鼠外观的改变，包括五官、四肢、行动力等，有的后爪有6根脚趾，有的仿佛有多动症，有的颤颤巍巍、哆哆嗦嗦，仿佛特别容易受到惊吓。这些是从外观上可以看出的变化。

（3）抓力测试

下图是用来测我们四肢抓力的仪器。测试时将我们放置于网格上，轻轻拉我们的尾巴，为了挣脱束缚，我们会用力抓紧网格，直到力气不够不得不松开网格，这个时候仪器就记录了我们四肢的最大拉力值；同样方法，让我们后肢悬空，前肢抓网格，就可以测出我们前肢的最大拉力了。

抓力测试仪

抓力测试

（4）测肛温

为了获得我们的体温数值，科研工作者会对我们肛门的温度进行测量，因为肛门的温度更准确，通过比较肛温就可以知道我们之间体温的差别了。

（5）体脂

利用体脂分析仪可以直接测量我们的总脂肪量、筋肉量、自由水量以及身体总含水量，可以进行新陈代谢和肥胖相关的研究。

（6）跑步机

这是运动量巨大的一项实验。跑台就像一部跑步机，不同的工具，在跑台末端连着通电的金属丝，如果我们稍微松懈，接触到末端的金属丝，就会被电击。不用担心，虽然有点疼，但这样是安全的。我们不想被电击就会拼尽全力地奔跑，这样科研工作者就可以对我们的体能、耐力、代谢等方面进行研究和比较啦！

（7）代谢笼

这项实验比较轻松，吃吃喝喝2～3天就可以完成啦！将我们放在代谢笼里面，就可以监测到我们一整天的活动情况，比如几点到处跑动？几点睡觉休息？几点吃饭了？吃了多少？几点喝水了？喝了多少？吸入了多少氧气？呼出了多少二氧化碳？可以说是对我们的呼吸代谢情况全方位的掌控。

解码基因秘密的宠儿——小鼠

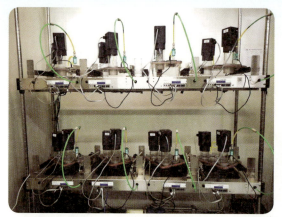
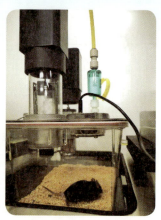

（8）心电图

在心电图测试仪上面有3个电极片，我们可以在测试仪上面自由活动，当四肢踩到任意两个电极片的时候，就会在电脑上产生心电图数据，通过比较产出的心电图数据，就可以了解我们是否出现了心血管相关的疾病。科研工作者进行深入研究，也许可以据此攻克某些与心脏相关的疾病呢！

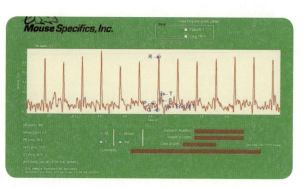

(9)糖耐受测试

到医院抽血化验的时候经常要空腹,尤其是血糖的测试,我们也一样,但是怎么能保证我们是空腹状态呢?正常情况下我们是晚上进食的,如果在测试前一天的傍晚把饲料撤掉,第二天早上给我们测血糖,就可以获得我们的空腹血糖了。葡萄糖耐受也就是看我们的降血糖功能,在我们空腹的情况下,给我们注射一定量的葡萄糖溶液,过一段时间看我们是否能自己把血糖调控到正常值,如果不能的话,那很有可能是胰岛功能出现了异常。通过对糖尿病模型我们给药治疗,可以进一步研究人类糖尿病的治疗药物。

(10)眼形态观察

对我们的眼形态观察有手持式眼底相机和裂隙灯两个仪器。眼底相机可以看到我们眼底病变的情况。裂隙灯可以观察到我们全眼、角膜、虹膜的健康状态。

眼底形态

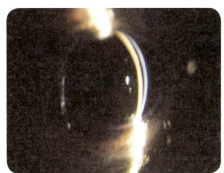

角膜、虹膜

除了以上提到的内容,还有科研工作者赋予我们多种多样的使命,我们在动物房的各个岗位上履行着自己的职责,发挥我们最大的价值。

趣味实验

为了让大家更好地理解表型分析的概念,现在我们来做一个趣味小实验:

现在请大家观察一下自己家的宠物(没有宠物的可以用动物玩偶替代),认真填写下面的表格。请务必在家长的配合下完成,避免被动物抓伤、咬伤。

它是什么动物?	
它的毛色以及花纹图案是什么样的?	
请描述一下它眼睛的特征(大小、形状、颜色等)。	
请描述一下它耳朵的特征(大小、形状、颜色等)。	
它的前脚和后脚分别有几根脚趾?	
请测量一下它尾巴的长度,单位为厘米。	
请测量一下它身体的长度,单位为厘米。	

恭喜你!完成了一次表型分析实验中最基本的"外观形态观察"。

基因调控性状,意思是说我们眼睛的大小、个子的高矮、毛发的颜色等这些身体特征都是由基因进行控制的,一旦基因发生了改变,这些性状就有可能随之改变。除去外在肉眼可见的性状改变，我们的组织器官、生理生化、新陈代谢都有可能发生改变，这时候就要借助一些仪器、试剂进行记录和检测。要了解一个实验动物哪些性状发生了改变，就要知道它在正常情况下应该是怎样的，于是在对基因突变小鼠进行实验时，总要有一组正常小鼠作为对照，人类把这种正常的小鼠叫作野生型，意思是没有发生基因改变的小鼠。

现在我们来看几个有意思的行为学小实验，家里有啮齿类动物的（比如仓鼠、龙猫等），可以模拟进行以下实验，注意实验的时候尽量让家长配合，不要伤到自己也不要使动物受伤，没有小动物可以与你配合的，就请思考一下实验的结果会是怎样的

行为学实验1

明暗箱

尝试用纸板制作两个箱子，一个没有顶、透光，为明箱；另一个四周封闭，为暗箱。两个箱子贴紧，中间留一个小洞，洞口大小足够实验动物通过。将动物从没有顶的箱子放入，2~3分钟后观察它是更喜欢躲藏在暗箱里，还是更喜欢到明亮无顶的这一侧箱子活动。我们知道，啮齿类动物，比如一只正常的小鼠，胆子小、喜欢顺着墙边走，当然会更喜欢黑暗的地方藏身，如果它一直在明亮无

暗箱

顶的箱子中活动，那么我们可以认为它表现出了焦虑，因为这是一种不正常的行为。

行为学实验2

迷宫

使用纸板或者其他工具，制作一个八臂迷宫，迷宫入口画上不同的形状；第1天在迷宫每一个臂的尽头放上食物，将动物放到迷宫中心自由活动，第2~3天依旧如此，这是一个训练过程，让动物知道迷宫的尽头有食物；第4~6天只在特定的迷宫臂末端放置食物，3天的训练期是为了使动物记住哪个迷宫臂中有食物，迷宫入口的图形就是为了帮助动物形成记忆；第7天就是考试日了，这一天动物被放入迷宫后，是会继续探索每个迷宫臂？还是会直奔有食物的迷宫臂呢？它的记忆力到底是怎样的呢？通过这个实验就可以揭晓答案了。

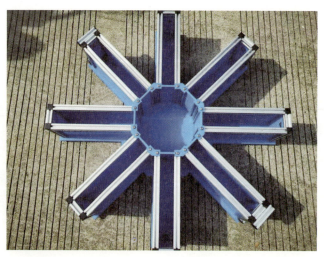

八臂迷宫

2. 小鼠模型的实际应用

2.1 生物钟小鼠模型

生物钟影响着人类的作息时间，一旦调节生物钟的基因遭到破坏，人类的作息也将随之改变，最直接的会导致睡眠障碍以及进食规律的改变，从而引发各种疾病。哺乳动物生物钟的研究，最早就是从实验小鼠入手的，1997年美籍日裔科学家Joseph S. Takahashi（约瑟夫·高桥）使用小鼠做遗传筛选，发现了影响小鼠生物钟的基因，并命名为"钟"(Clock)，随后他们发现人类也有CLOCK基因。科学家发现，生物钟的调控与下丘脑的核团（SCN）相关，于是将SCN作为哺乳动物生物钟的主钟，小鼠的SCN约含两万个细胞，其中包含了除Clock外的众多调控生物钟的基因，如Per、Cry、Npas2、Bmal1、CKIδ和CKIε等。2005年，徐璎教授团队发现CKIδ基因突变会导致人和小鼠相位前移。探索生物节律的改变时，人们把较短节律的现象叫作相位前移，较长节律的现象叫作相位后移，还有一种情况就是节律完全混乱，即无节律，这也就是人们现在通俗所说的"生物钟时型"，有的生物节律提前，有的生物节律延后。

人类可以通过做测试的方法知道自己的生物钟时型，那么对于小鼠，想要用它进行科学研究时，怎么判断它的生物钟时型呢？聪明的科学家利用小鼠喜欢跑轮的特性，在笼盒里面放置一个轮子，将打点计时器与电脑主机相连，这样就可以记录小鼠跑轮的圈数，小鼠密集活动的时间段就会在电脑上体现出来。正常小鼠的生活习性是昼伏夜出，出现相位偏移的小鼠会表现出节律上的异常，比如白天异常活跃、夜晚喜欢睡觉，

又或者它的活动轨迹毫无规律可循，表现出无节律的状态。生物节律异常的小鼠模型广泛应用于睡眠、代谢等领域疾病的研究，通过使用物理（比如照射蓝光）、化学（一些药物）的方法使实验模型小鼠恢复正常节律，从而探索相关疾病的治疗方法。

扫码看小鼠夜间跑轮视频

2.2 自发肥胖小鼠模型

随着人们生活水平的提高，肥胖引起的健康问题日益凸显。当人们吃进肚子里的热量远超所消耗的热量时，多余的热量会以脂肪形式储存在身体内，当脂肪存储量超过身体所需，达到一定程度的时候，就演变成了肥胖症。肥胖症带来的危害可不仅仅是走形的身材，还包括很多疾病，比如冠心病、高血压、睡眠窒息、糖尿病、痛风、内分泌失调等。在令人头疼的肥胖症领域，有两个著名的小鼠模型——ob 小鼠和 db 小鼠。

1950年英戈尔斯（Ingalls）成功繁育出了瘦素基因(Leptin)突变的小鼠(Lepob,ob)，瘦素基因缺失会使一种叫作神经肽的物质大量分泌，而神经肽可以促进人的食欲，从而使人进食大量食物，最终导致肥胖症的发生。瘦素基因缺失ob小鼠的特征是肥胖、食量大、高血糖和胰岛素抵抗，这些特征致使这些小鼠晚期常患有严重的糖尿病、胰岛功能退化、丧失生殖能力并过早死亡。1995年，塔尔塔利亚（Tartaglia）等发现OBR基因的主要功能是与瘦素基因结合，使瘦素基因能够发挥平衡体内热能和脂肪存储的功能，当OBR基因缺失时会导致db小鼠（因其多尿、高血糖水平的表型与人类糖尿病患者相似，而被称为db小鼠）发生瘦素抵抗，出现与ob小鼠相似的症状，而db小鼠在患有严重糖尿病的同时，还会出现肾脏疾病。ob和db小鼠模型广泛应用于肥胖症、糖脂代谢、下丘脑神经调控、生殖发育、免疫炎症等领域的研究，db小鼠还可应用于肾脏方面疾病的研究。随着科学的发展，越来越多的肥胖鼠模型诞生了，除了基因突变导致的自发肥胖小鼠模型，还有通过高热量饮食诱导出的肥胖小鼠模型，比如DIO小鼠。科学家利用这些模型尝试获取肥胖症及其并发症的解决方案，比如尝试将瘦素基因重新整合到ob小鼠中，试图利用基因修复的方法使它恢复苗条的身材，恢复生殖能力等；当然最广泛的还是应用在各领域的新药研发和治疗手法的探索中。

解码基因秘密的宠儿——小鼠

自发肥胖小鼠模型
（本图片由刘云波老师提供）

扫码了解探秘基因秘密的方法

2.3 人源化小鼠模型

人源化小鼠是研究人体肿瘤和免疫系统疾病的重要模型，它的家族成员很多，比如 PD-1 小鼠。肿瘤细胞表面的 PDL-1 和人 T 细胞表面的 PD-1 结合后，T 细胞就无法识别肿瘤细胞，认为它是正常细胞，这样肿瘤细胞就可以无法无天地搞破坏了。为了找到抑制二者结合的办法从而筛选治疗药物，科学家们将小鼠体内的 PD-1 基因敲除，再转基因转入人的 PD-1 基因，这样人源化 hPD-1 小鼠模型就诞生了。这些人源化的小鼠模型在患病程度、症状上和人类的发病状况极为相似，从而可以代替人类完成各种新药和治疗手段的尝试，帮助人类找到最佳的治疗办法。

2.4 免疫缺陷小鼠模型

人类有一套强大的免疫系统，用于阻止外界病毒等微生物的入侵。人体免疫的第一道防线是皮肤和黏膜；第二道防线是体液中的杀菌物质和吞噬细胞；第三道防线就是特异性免疫了，由免疫器官和淋巴细胞组成，而淋巴细胞中又分为T淋巴细胞和B淋巴细胞，T淋巴细胞负责细胞免疫，B淋巴细胞负责体液免疫。免疫系统缺陷的人更容易受到细菌、真菌和病毒的感染，诱发各种炎症，甚至恶性肿瘤。应用于免疫缺陷病研究领域的小鼠模型有很多，比如NOD/SCID小鼠模型和NCG小鼠模型。

1983年博斯马（Bosma）发现SCID基因的缺失会造成T、B淋巴细胞缺陷，于是重度联合免疫缺陷小鼠模型（SCID）诞生了，但是SCID小鼠模型中有2%~23%会出现淋巴细胞免疫功能的恢复，也就是说模型稳定性比较差；为了获得更完美的免疫缺陷动物模型，来提高人类肿瘤异种种植的成功率，杰克逊（Jackson）实验室使用一种胰岛素依赖型糖尿病小鼠NOD/Lt与SCID小鼠进行交配繁衍，获得了NOD/SCID小鼠，这种小鼠具备了T、B淋巴细胞缺失且不能自行恢复的特点，可以被植入各种肿瘤细胞，因而被广泛应用于免疫缺陷病领域的研究。

NCG小鼠是在NOD/SCID小鼠的基础上进行基因改造，敲除了调控IL-2Rg的基因后获得的。IL-2Rg是一种很重要的细胞因子受体，它的缺失会导致至少6种细胞因子丧失作用。相比较而言，NCG小鼠免疫缺陷程度更高，在缺失T细胞、B细胞的同时缺少NK细胞，属于先天免疫受损。那么培育这种模型的小鼠的好处是什么呢？它的免疫水平极低，对人源细胞和组织几乎没有排斥反应，非常适合进行人源肿瘤细胞系异

解码基因秘密的宠儿——小鼠

种移植,移植后稳定性好,肿瘤细胞可以在NCG小鼠身上长期、稳定地传代而不变异。免疫缺陷小鼠还有很多,比如裸鼠、BRGSF、C-NKG等,同样,这些模型鼠也可以作为人类免疫缺陷病人的替身,广泛应用于药物筛选、临床评估,以降低人体临床上的用药风险。

现在你是否了解了我们实验小鼠的强大功能了呢?如果对我们感兴趣的话,可以通过网络和书籍多多关注哦!也许不久的将来,你也会和我们一起并肩作战,为科研事业做出自己的贡献呢!

裸鼠

参考文献

［1］BOSMA G C, CUSTER R P, BOSMA M J. A severe combined immunodeficiency mutation in the mouse [J]. Nature, 1983, 301(5900):527-530.

［2］DORSHKIND K, KELLER G M, PHILLIPS R A, et al. Functional status of cells from lymphoid and myeloid tissues in mice with severe combined immunodeficiency disease [J]. J Immunol, 1984, 132(4):1804-1808.

［3］FLANIGAN K M, DUNN D M, NIEDERHAUSERR AV, et al. Mutational spectrum of DMD mutations in dystrophinopathy patients: application of modern diagnostic techniques to a large cohort [J]. Hum Mutat, 2009, 30(12):1657-1666.

［4］HOFFMAN E P, BROWN R H, KUNKEL L M. Dystrophin: the protein product of the Duchenne muscular dystrophy locus [J]. Cell, 1987, 51(6):919-928.

［5］IMAI D M, PESAPANE R, CONROY C J, et al. Apical elongation of molar teeth in captive microtus voles [J]. Vet Pathol, 2018, 55(4):572-583.

［6］INGALLS A M, DICKIE M M, SNELL G D. Obese, a new mutation in the house mouse [J]. J Hered, 1950, 41(12):317-318.

［7］KING D P, ZHAO Y, SANGORAM A M, et al. Positional cloning of the mouse circadian clock gene [J]. Cell, 1997, 89(4):641-653.

［8］LANDER E S, LINTON L M, BIRREN B, et al. Initial sequencing and analysis of the human genome [J]. Nature, 2001, 409(6822):860-921.

［9］MIN Y L, LI H, RODRIGUEZ-CAYCEDO C, et al. CRISPR-Cas9 corrects Duchenne muscular dystrophy exon 44 deletion mutations in mice and human cells [J]. Sci Adv, 2019, 5(3):eaav4324.

[10] PENNACCHIO L A. Insights from human/mouse genome comparisons [J]. Mamm Genome, 2003, 14(7):429–436.

[11] PROCHAZKA M, GASKINS H R, SHULTZ L D, et al. The nonobese diabetic scid mouse: model for spontaneous thymomagenesis associated with immunodeficiency [J]. Proc Natl Acad Sci U S A, 1992, 89(8):3290–3294.

[12] REPPERT S M, WEAVER D R. Coordination of circadian timing in mammals [J]. Nature, 2002, 418(6901):935–941.

[13] TAKESHIMA Y, YAGI M, OKIZUKA Y, et al. Mutation spectrum of the dystrophin gene in 442 Duchenne/Becker muscular dystrophy cases from one Japanese referral center [J]. J Hum Genet, 2010, 55(6):379–388.

[14] VENTER J C, ADAMS M D, MYERS E W, et al. The sequence of the human genome [J]. Science, 2001, 291(5507):1304–1351.

[15] VIEITEZ I, GALLANO P, GONZáLEZ-QUEREDA L, et al. Mutational spectrum of Duchenne muscular dystrophy in Spain: Study of 284 cases [J]. Neurología, 2017, 32(6):377–385.

[16] XU Y, PADIATH Q S, SHAPIRO R E, et al. Functional consequences of a CKIO mutation causing familial advanced sleep phase syndrome [J]. Nature, 2005, 434(7033):640–644.

[17] 中国实验动物信息网.王韬：助力新型冠状病毒肺炎疫苗研究的"替身"——人源化 ACE2 小鼠［Z/OL］.（2020-02-28）［2021-04-05］.https：//www.lascn.com / Item / 82644.aspx。